반려동물과 함께 하는 세상 만들기

2

EBS Petedu 반려동물과 함께 하는 세상 만들기 2

2025년 01월 02일 발행

저자   이승진(반려동물종합관리사, KKF 운영위원, EBS 펫에듀 운영 두넷 대표)

발행처   (주)두넷
주소   (02583) 서울시 동대문구 무학로 33길 4 1층
연락처   Tel 02-6215-7045
이메일   ebs-petedu@naver.com

제작 유통   (주)푸른영토
주소   (10402) 경기도 고양시 일산동구 호수로 606 에이동 908호
연락처   Tel 031-925-2327

ISBN   979-11-990559-1-9   73520

값 12,000원

EBS ●● Pet edu

반려동물과
함께 하는
세상 만들기

● 이승진 지음

2

EBS ●● 미디어 | 두넷

안녕하세요!

이 책을 펼쳐 본 여러분, 정말 반갑습니다.

여러분은 혹시 반려동물을 키우고 있나요?

또는 반려동물을 키우고 싶다고 생각해 본 적 있나요?

이 책은 여러분이 반려동물에 대해 더 잘 이해하고,

행복하게 함께 살아갈 수 있도록 도와주기 위해 만들어졌어요.

반려동물은 우리에게 큰 기쁨과 행복을 주지만,

그들도 우리와 마찬가지로 많은 사랑과 돌봄이 필요해요.

이 교재를 통해 여러분은 반려동물의 필요를 이해하고,

그들과 어떻게 건강하고 행복한 관계를 맺

을 수 있을지 배울 수 있을 거예요.

함께 배우고,

반려동물 친구들과

더 행복한 시간을 만들어봐요!

목차

 **반려동물이 하늘나라에 가면 어떡하지?**

 **반려동물과 첫만남 준비하기**

 **반려동물과 친구하는 방법**

PART **1**

버림받은
반려동물 대하기
유기견과 입양

생각 열기

이 영상을 시청하고, '해피'에게 편지를 써보아요.

'해피' 같은 유기동물들의 현실에 대해 알아보아요

매해 약 10만 마리의 반려동물들이 유기되어요.
이 동물들 중 약 30%의 동물들은 새로운 좋은 주인을 찾아 입양되지만, 40%가 넘는 동물들은 자연사하거나, 주인을 찾지 못해 안락사 되어요.

사람들이 반려동물을 유기하는 이유에는 무엇이 있을까요?

▶ 키우는 데에 예상보다 돈/시간/노력이 많이 필요해서
▶ 동물이 크게 아프거나 다쳐서
▶ 이사, 취업 등 환경이 변해서
▶ 성장 후 외적인 모습이 마음에 들지 않아서 등

반려동물을 키우는 일은 소중한 생명을 사랑으로 보듬어주며 함께 성장하는 일이에요. 친구들이 말을 잘 안듣는다는 이유로 부모님이 친구들을 다시 보지 않는다면 아주 슬프겠죠?
그 어떠한 이유로도 책임감 없이 반려동물을 유기하면 안돼요

배우기 2

유기동물 입양의 중요성에 대해 알아보아요.

◇ 입양의 장점 ◇

1. 생명을 구하는 일

유기동물 보호소는 공간이 제한되어 있어서 새로운 동물을 받을 수 없을 때, 안타깝게도 일부 동물들은 안락사 당할 수 있어요.
입양은 이러한 동물들에게 새로운 기회를 주는 거예요.

2. 사랑을 주고받는 일

유기동물은 새로운 가족을 만나면 더 이상 외롭지 않고, 행복하게 지낼 수 있어요. 그리고 입양한 가족도 그 동물에게 많은 사랑을 주고받을 수 있어요.

유기동물을 입양하기 위해서는 '유기동물 보호소 방문➡입양신청서 작성➡입양교육' 등의 과정을 거치면 돼요.
입양은 잠깐의 일이 아니에요. 그 동물에게 평생 사랑을 주며 함께할 준비가 되어 있어야 해요!

'처음 받은 사랑'으로 입양 후에 행복해진 유기견

처음 발견되었을 때

두려움 가득했던 눈빛은 이제 사랑이 넘쳐 흐르고,

겁먹어 웅크렸던 아이는 행복하게 뛰어놀고,

풀죽어 있던 아이는 해맑게 웃고,

마르고 관리가 안되었던 몸은 이제 누구보다 빛나죠?

이렇게 입양은 생명체에게 두번째 삶의 기회를 주고, 평생 서로에게

힘이 되어줄 친구가 되어주는거예요.

활동하기

'해피'의 입양 홍보 포스터를 그려보아요.

포함하면 좋은 내용: 이름, 특징, 나이 등

오늘 배운 내용을 바탕으로 다음 중 입양의 장점에 각각 알맞은 내용을 구분해보아요.

보호소의 공간은 제한되어 있어서 일부 동물들은 안락사 당할 수 있어

입양은 생명을 구하는 일이야

동물들은 과거의 상처를 극복하고 행복해할거야

보호소에 가지 못한 유기동물들은 보호/관리받지 못해서 아플 수 있어

입양은 사랑을 나누는 일이야

동물을 입양한 가족에게도 새로운 사랑스러운 친구가 생기게 돼

세계 3대 장난꾸러기, 비글

중간 크기의 강아지인 비글은 귀가 크고 늘어져 있어요. 큰 눈과 짧은 다리, 균형 잡힌 체형이 귀여움을 더해줘요.

비글은 매우 활발하고 장난기가 넘쳐요. 항상 새로운 것에 호기심을 가지고, 주변을 탐색하며 놀기를 좋아해요. 에너지가 넘치기 때문에 충분한 운동이 필요해요. 매일 산책을 하거나, 공놀이, 달리기 등의 활동을 통해 에너지를 발산시켜 주세요.에너지가 발산되지 않으면 장난꾸러기 성격이 더 발현되어 집 안에서 사고를 칠 수도 있어요!

세계 3대 장난꾸러기 중 하나로 불리는 비글은, 활발하고 장난기 넘치는 성격으로 많은 사람들에게 즐거움을 주는 친구예요.

PART 2

반려동물에게 이렇게 하면 안돼요!

동물보호법

생각 열기

반려동물을 사랑하기 위해서 하면 안되는 행동에는 무엇이 있을까요?

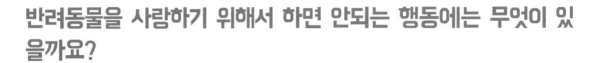

강아지가 제가 먹는 초콜릿을 먹고싶어하는데, 초콜릿을 줘도 될까요? (O, X)

가족끼리 한달동안 여행을 가게되었는데, 반려동물을 집에 혼자 둬도 될까요?(O, X)

_____

_____

_____

_____

_____

_____

_____

_____

_____

_____

배우기 1

다음 내용들은 반려동물을 보호하기 위해 반드시 지켜야 할 내용들이에요.

제2장 동물의 보호 및 관리

1 주인은 동물에게 적합한 사료와 물을 공급하고, 운동/휴식/수면이 보장되도록 노력해야해요.

2 주인은 동물이 질병에 걸리거나 부상당한 경우에는 신속하게 치료해야해요.

3 동물을 학대해서는 안돼요.

4 동물을 운송하는 사람은 운송 중인 동물이게 적합한 사료와 물을 공급하고, 급격한 운전으로 충격과 상해를 입지 않도록 신경을 써야해요.

5 모든 외과적 수술은 수의학적 방법에 따라야 해요.

6 동물의 보호와 관리를 위해서 반려동물을 등록하는 것이 좋아요.

7 맹견의 주인은 더 많은 신경을 써야해요.

8 유실/유기된 동물을 발견하면 신고해서 적절한 구조 조치를 취해야해요.

제3장 동물실험

1 동물 실험은 인류의 복지 증진과 동물 생명의 존엄성을 고려해서 실시해야해요.

2 동물실험을 하려는 경우에는 이를 대체할 수 있는 방법을 우선적으로 고려해야해요.

3 실험동물의 고통이 수반되는 실험은 감각능력이 낮은 동물을 사용하고, 고통을 덜어주기 위한 방법을 최대한 사용해야해요.

4 유실/유기동물을 대상으로 실험을 진행하면 안돼요.

5 '동물실험윤리위원회'를 설치해야해요.

활동하기

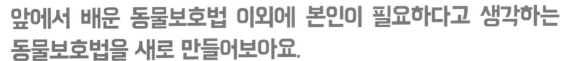

앞에서 배운 동물보호법 이외에 본인이 필요하다고 생각하는 동물보호법을 새로 만들어보아요.

이 동물보호법이 새로 필요하다고 생각한 이유는 무엇인가요?

오늘 배운 내용을 바탕으로 다음 중 입양의 장점에 각각 알맞은 내용을 구분해보아요.

동물의 보호와 관리를 위해서 반려 동물을 등록하는 것이 좋아

동물 실험은 동물 생명의 존엄성을 고려해서 실시해야해

유실/유기동물을 대상으로 실험을 진행하면 안돼

맹견의 주인은 더 많은 신경을 써야해

동물의 보호 및 관리를 위한 규칙

동물 실험과 관련된 규칙

더 알아보기

세상의 봉사왕, 리트리버

리트리버는 많은 사람들에게 사랑받는 반려견일 뿐만 아니라, 다양한 봉사 활동을 통해 세상에 큰 도움을 주는 멋진 친구예요.

리트리버는 큰 체구와 강한 체력을 가지고 있어요. 보통 몸무게는 25kg에서 34kg 정도이고, 활동적이고 에너지가 넘쳐요. 매우 부드럽고 따뜻한 성격을 가지고 있어요. 사람을 좋아하고, 친근하며 다른 동물들과도 잘 어울려요. 매우 영리해서 다양한 훈련을 잘 받아들여요. 명령을 잘 이해하고, 복잡한 작업도 잘 수행해요. 주인에게 매우 충성스럽고 헌신적이에요. 항상 주인의 곁에서 보호하고, 도움을 주려고 해요.

리트리버는 도움이 필요한 사람들에게 안내견, 치료견, 탐지견, 구조견의 역할을 수행하는 등 많은 사람들에게 도움을 주고, 사랑을 나누는 특별한 친구예요.

PART 3

반려동물이 없어졌어요!

실종

생각 열기

본인이 잃어버렸다가 찾은 소중한 물건이 있나요?
어떤 물건이었는지, 어떻게 찾았는지, 잃어버렸을 때/찾았을 때
어떤 기분이었는지 써보세요.

_____

_____

_____

_____

_____

_____

_____

배우기 1

'반려동물'을 잃어버리지 않기 위해 어떻게 해야할까요?

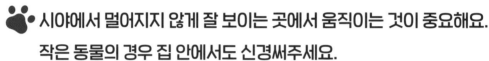

산책을 나갈 때 목줄/목걸이를 잘 채우고,
시야에서 멀어지지 않게 잘 보이는 곳에서 움직이는 것이 중요해요.
작은 동물의 경우 집 안에서도 신경써주세요.

잃어버린 '반려동물'을 찾기 위해서는 어떻게 해야할까요?

1 실종된 장소 또는 그 부근의 동물병원, 애견센터, 애견샵을 방문해서 확인한 후, 전단지 또는 연락처를 건네고, 양해를 구한 후 전단지를 눈에 잘 띄는 곳에 직접 붙여두세요.

2 실종된 지역의 시, 구, 군청, 주민센터, 관할 지구대(경찰서), 소방서, 유기동물 보호소에 전화 또는 방문해서 확인해보세요. 동물보호관리시스템을 확인해보세요.

3 동물의 사진을 포함한 전단지를 만들어 주변에 사람이 많이 다니는 곳에 붙여두세요.

4 실종기간이 길어질 경우, 현수막을 주변에 붙이는 것도 좋아요.

잃어버렸던 '반려동물'을 찾은 뒤에는 어떻게 해야할까요?

주변에 붙여두었던 전단지를 다 떼고, 반려동물을 찾는 데에 도움을 준 사람들에게 감사함을 전해야해요.
또, 동물병원에 들러 반려동물의 건강상태를 체크해야해요. 반려동물이 불안감이나 무서움을 느끼지 않게 사랑으로 꼭 안아주세요.

 다시는 이런 일이 발생하지 않게,
산책을 하거나 집 안에서도 더 주의해야해요!

활동하기

잃어버린 반려동물을 찾는 실종 포스터를 그려보아요.

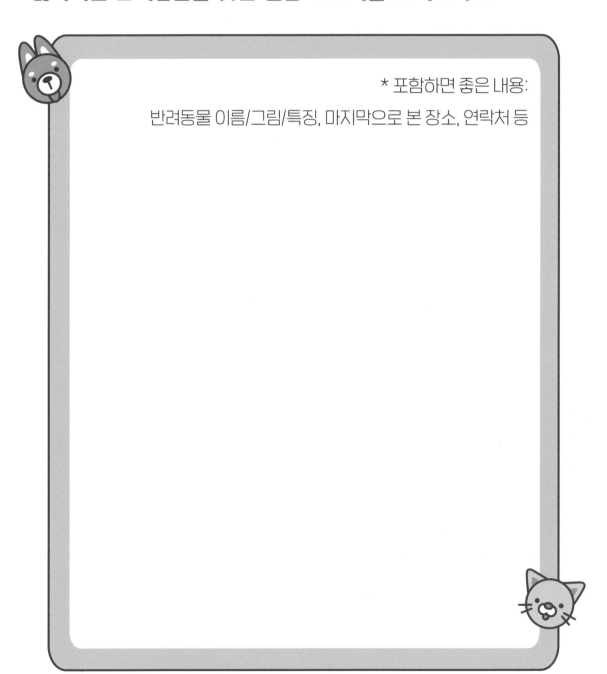

* 포함하면 좋은 내용:

반려동물 이름/그림/특징, 마지막으로 본 장소, 연락처 등

정리하기

오늘 배운 내용을 바탕으로 아래 문제들을 풀어보아요.

🐾 문제 1

반려동물을 잃어버리지 않기 위해 해야할 행동으로 옳은 것은?

1. 집안에 있던 반려동물이 답답할테니 밖에 산책 나와서는 목줄을 하지 않기

2. 반려동물이 답답해하더라도 잃어버리지 않기 위해서 목줄은 잊지말기

3. 반려동물 산책을 나왔다가 친구를 만나서 반려동물이 시야에서 사라져도 신나게 놀기

🐾 문제 2

잃어버린 반려동물을 찾기 위해 해야할 행동으로 옳은 것은?

1. 동물보호관리시스템을 확인해보기

2. 실종기간이 길어질 경우, 현수막을 주변에 붙이기

3. 반려동물을 얼른 찾아야 하니 허락받지 않고 전단지 모든 곳에 붙이기

 반려동물을 잃어버리지 않게 우리 모두 조심해요!

작고 사랑스러운 흰 털 친구, 말티즈

말티즈는 보통 3-4kg의 작고 귀여운 친구예요.

말티즈는 매우 밝고 활발한 성격을 가지고 있어요. 매일 산책을 시켜주거나 집안에서 공놀이를 하며 충분히 운동할 수 있도록 해주는 것이 좋아요.

항상 주인을 따라다니며 애교 부리는 것을 좋아하고, 같이 노는 것을 좋아해요. 또, 매우 똑똑해서 주인 말을 잘 알아들어요. 앉기, 손 주기 등 여러 개인 기도 할 수 있어요!

말티즈는 흰 털이 길고 부드러워서 자주 빗어주고 관심을 줘야해요.

특히 치아 건강에 신경을 써야 하니, 양치질을 자주 해주는 것이 좋아요.

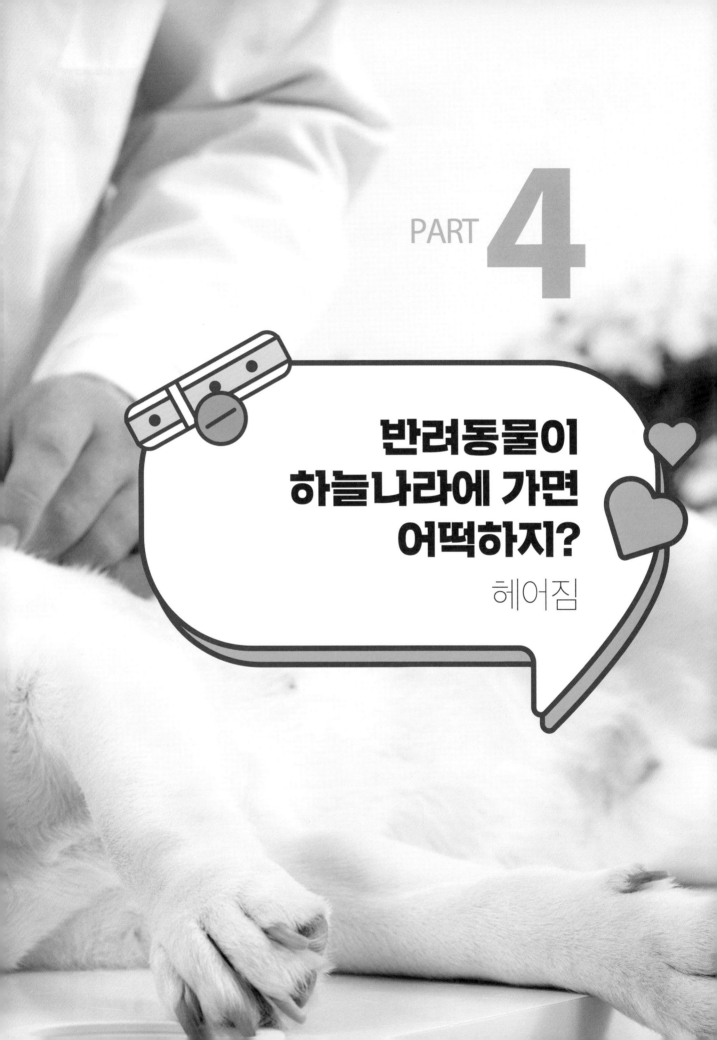

PART 4

반려동물이
하늘나라에 가면
어떡하지?

헤어짐

생각 열기

'무지개 다리 이야기' 를 들어보았나요?

무지개 다리 이야기

반려동물이 이 세상을 떠나면 무지개 다리로 갑니다. 그곳에서 반려동물들은 더 이상 아프거나 힘들어하지 않고, 다시 건강해지고 행복해집니다.

반려동물들은 무지개 다리에서 친구들과 뛰어놀며 행복하게 자신을 사랑해준 주인을 기다립니다.

시간이 흘러 주인이 세상을 떠나 무지개 다리에 도착하면, 반려동물은 그 다리에서 주인을 반갑게 맞이합니다. 그리고 함께 다리를 건너 천국으로 들어가 영원히 함께 지낸다는 이야기입니다.

'반려동물'의 생명주기를 이해해보아요.

반려동물의 수명

대부분의 반려동물의 수명은 우리 인간보다 짧아요. 물론 여러 환경과 특성에 따라 다를 수 있지만, 개의 평균 수명은 약 10-13년, 고양이의 평균 수명은 약 12-18년, 토끼는 약 7-12년, 패럿은 약 5-10년, 기니피그는 약 5-7년, 햄스터는 약 2-3년, 반려새는 약 12년-15년, 반려뱀은 약 10-20년, 반려거북이는 약 20-40년, 반려도마뱀은 약 15년이에요.

▶우리보다 '사람나이'가 어려도 '동물나이'로는 우리보다 훨씬 나이가 많을 수 있어요. 평소에 대할 때도 더 조심스럽게, 관심을 기울이며 사랑으로 대해야 해요.

▶반려동물도 우리처럼 태어나서 자라고, 나이가 들면 하늘나라로 가요. 이건 슬프지만 아주 자연스러운 일이에요.

활동하기 1

<생각열기>의 '무지개 다리 이야기'에서 나온 '무지개 다리'가 어떤 모습일지 그림을 그려보아요.

반려동물이 어떻게 지내고 있을지,
무엇을 먹고 있을지, 어떤 모습으로
살고 있을지, 무지개 다리는 어디에 있을지,
어떤 모습일지 상상해보아요.

반려동물이 사람이 된다면 같이 하고 싶은 활동 3가지를 적어보아요.

같이 하고 싶은 활동 3가지

* 반려동물이 없는 친구는 반려동물이 있다고 상상해서 진행해주세요.

1.

2.

3.

반려동물이 사람이 된다면 같이 하고 싶은 활동을 그림으로 그려보아요.

* 반려동물이 없는 친구는 반려동물이 있다고 상상해서 진행해주세요.

복실한 털이 매력적인 친구, 비숑 프리제

비숑 프리제에서 '비숑'이라는 단어는 '작고 귀여운 개'를 뜻하고, '프리제'는 '복실복실한'이라는 뜻이에요. 이름처럼 작고 귀여운, 복실복실한 털을 가진 친구죠.

비숑 프리제는 둥근 얼굴에 큰 눈, 그리고 항상 웃고 있는 것 같은 표정이 특징이에요. 털은 하얗고 복실복실해서 마치 솜사탕 같아요.

또, 비숑 프리제는 매우 활발하고 장난을 좋아하는 친구예요. 다른 친구들과 놀기를 좋아하고, 사람들을 만나는 것도 좋아해요!

복실복실한 털을 잘 빗어주는 관심과 사랑이 필요해요. 이런 관심과 사랑을 주면 비숑 프리제는 더 큰 사랑을 줄거예요.

PART **5**

반려동물과
첫만남 준비하기

첫만남

생각 열기

새 학기, 새 친구를 사귈 때 더 가까워지는 나만의 방법이 있나요? 있다면, 그 방법을 반려동물을 처음 만날 때 어떻게 활용할 수 있을까요?

반려동물과의 첫만남을 준비해보아요.

환경준비

반려동물이 집에 처음 오기 전에, 안전하고 편안한 환경을 만들어 주세요. 물과 적절한 사료, 잠자리, 장난감 등을 미리 준비해두는 것이 좋아요.

조용하고 안정적인 분위기

반려동물이 새로운 환경에 잘 적응할 수 있도록 소란스럽지 않고 조용하고 안정적인 분위기를 만들어 주세요.

배우기 2

반려동물과의 첫만남 시 주의 사항을 알아보아요.

천천히 접근하기

반려동물에게 천천히 다가가세요.
갑작스러운 움직임은 반려동물을 놀라게 할 수 있어요.

낮은 자세 유지하기

반려동물이 겁을 먹지 않도록 낮은 자세로 접근하세요.
눈높이를 맞추면 더 친근하게 느껴져요

손을 내밀기

반려동물에게 손을 내밀어 냄새를 맡게 하세요.
이를 통해 반려동물이 주인을 알아갈 수 있어요.

부드러운 목소리 사용하기

반려동물에게 부드럽고 차분한 목소리로 이야기하세요.
반려동물이 더 편안해할 거예요.

반려동물과의 첫만남 이후 주의 사항을 알아보아요.

 적응시간 주기

반려동물이 새로운 환경에 적응할 시간을 주세요.
너무 많은 자극을 주지 않도록 조심하세요.

 일관된 일상 유지하기

일관된 일상을 유지하면 반려동물이 더 빨리 적응할 수 있어요.
일정한 시간에 먹이주고, 산책하고, 놀아주세요.

 긍정 강화 훈련하기

반려동물이 올바른 행동을 했을 때,
칭찬과 간식을 주어 긍정적인 강화를 해 주세요.

활동하기

반려동물을 처음 만났을 때 느꼈던 감정을 시로 표현해주세요.

경험이 없는 친구들은 상상해서 표현해주세요.

반려동물을 처음 만났을 때 느꼈던 감정을 시로 표현해주세요.

경험이 없는 친구들은 상상해서 표현해주세요.

첫 만남의 설렘

처음 만났을 때,
내 마음은 두근두근.
너의 작은 눈빛,
따뜻한 손길.

작고 귀여운 너,
부드러운 털.
우리의 첫 만남,
행복한 기억.

정리하기

오늘 배운 내용을 바탕으로 아래 문제들을 풀어보아요.

🐾 문제 1

반려동물이 처음 집에 왔을 때 해야하는 행동으로 옳지 않은 것은?

1. 처음 집에 온 기념으로 친구들을 불러서 시끄럽게 파티하기

2. 물과 적절한 사료, 잠자리, 장난감 등을 미리 준비해두기

3. 반려동물이 잘 적응할 수 있도록 조용하고 안정적인 분위기 조성해 주기

🐾 문제 2

반려동물과의 첫 만남 이후의 주의 사항으로 옳은 것은?

1. 새로운 친구가 생긴 것이 너무 기뻐서 얼른 같이 놀고 싶으니 적응 시간은 주지 않아도 된다.

2. 불규칙하게 내가 원할 때 사료주고, 산책을 나가도 괜찮다.

3. 긍정 강화 훈련을 하면 도움이 된다.

우아한 털의 멋진 친구, 아프칸 하운드

아프칸 하운드는 긴 털과 우아한 모습으로 많은 사람들의 사랑을 받는 멋진 친구예요.

아주 오래전부터 아프가니스탄에서 살아온 강아지예요. 주로 산악 지대에서 사냥을 도우며, 뛰어난 시력과 빠른 달리기로 유명했어요.

아프칸 하운드는 날씬하고 근육질인 몸을 가지고 있어요. 걸을 때마다 우아하고 고귀한 느낌을 줘요. 긴 주둥이와 크고 맑은 눈을 가지고 있어요. 이 눈으로 주위를 잘 살피고, 뛰어난 시력을 자랑해요.

처음에는 조금 낯을 가려도 사랑을 주면 금방 친해질 수 있을 거예요. 달리기를 매우 좋아해서 매일 충분한 운동이 필요해요. 산책이나 공원에서 뛰어노는 시간을 많이 가져야 해요.

PART **6**

반려동물과
친구하는 방법

놀이

생각 열기

반려동물이 장난감으로 놀고 있는 모습을 그려보아요. 어떤 장
난감을 가지고 어떤 놀이를 하고 있나요?

반려동물과 적절한 놀이의 중요성에 대해 알아보아요.

신체 활동

반려동물도 우리처럼 운동이 필요해요. 놀이를 통해
신체 활동을 하게 되면 건강하게 자랄 수 있어요.

정신적 자극

놀이를 통해 반려동물의 똑똑함을 길러줄 수 있어요.
다양한 놀이와 게임은 반려동물의 두뇌 활동을 촉진해요.

관계 강화

함께 놀면서 반려동물과 더 가까워질 수 있어요. 반려동물은
놀이를 통해 주인과의 유대감을 느껴 더 행복해한답니다.

배우기 2

반려동물과의 놀이 방법에 대해 알아보아요.

 신체 놀이

 반려견과는 공 던지기나 프리스비 놀이를 할 수 있어요. 뛰어다니며 에너지를 발산할 수 있게 도와줘요.

 반려묘와는 낚싯대 장난감으로 놀아주면 좋아해요. 고양이의 사냥 본능을 자극할 수 있어요.

 정신 놀이

▶ 간식을 숨겨놓고 찾게 하는 놀이를 통해 두뇌를 자극할 수 있어요.

▶ 퍼즐 장난감을 사용하면 반려동물이 문제를 해결하며 보상을 받을 수 있어요.

반려동물의 장난감의 종류를 알아보아요.

신체활동 장난감

공, 프리스비, 로프 장난감 등이 있어요.
반려동물이 뛰어놀 수 있도록 도와줘요.

정신자극 장난감

퍼즐 장난감, 간식 숨기기 장난감 등이 있어요.
반려동물의 두뇌 활동을 촉진해요.

안전한 장난감을 선택하는 것은 매우 중요해요!

반려동물의 크기와 씹는 습관에 맞는 장난감을 선택해야 해요. 질기고 안전한 재료로 만들어진 장난감을 선택해야 하는 것은 필수랍니다.

활동하기

본인이 반려동물의 훈련사가 되었다고 상상해보아요. 반려동물을 대상으로 어떤 장난감을 사용하여 어떤 놀이를 진행할지 훈련일지를 작성해주세요.

* 반려견, 반려묘 중 택1

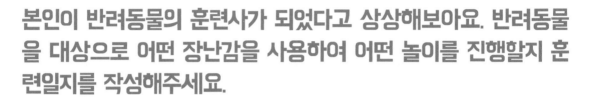

_____ 의 훈련일지
반려동물의 이름

놀이/ 장난감 종류	소요 시간	세부 내용

오늘 배운 내용을 바탕으로 알맞은 내용을 연결해 보아요.

공, 프리스비,
로프 장난감

퍼즐 장난감,
간식 숨기기 장난감

신체 강화

반려동물도 우리처럼
신체 운동이 필요해요.

정신 강화

다양한 놀이와 게임은 반려동
물의 두뇌 활동을 촉진해요.

독일의 명견, 셰퍼드

셰퍼드, 정확히 말하면 저먼 셰퍼드 독은 독일에서 유래된 명견으로, 전 세계적으로 사랑받고 있는 친구예요. 우수한 능력과 충성심으로 경찰견, 군견, 안내견 등 다양한 역할을 수행하는 멋진 강아지입니다.

근육질의 탄탄한 몸매를 가지고 있어요. 체형은 균형 잡히고 강력한 느낌을 줍니다. 또, 뾰족한 귀와 날카로운 눈빛을 가진 얼굴은 지능적이고 경계심이 많은 인상을 줍니다. 코는 검고 주둥이는 길어요.

셰퍼드는 에너지가 넘치고 활동적이에요. 매일 긴 산책이나 달리기, 놀이 등을 통해 에너지를 발산해야 해요. 정신적 자극도 필요해요. 다양한 훈련이나 게임을 통해 똑똑한 두뇌를 자극하는 것이 좋아요.